■ はじめに

　ある集合があったとする。集合はただ要素が集まっているだけで、そこには何の構造もない。この集合の要素間がどのような「変換」によって関係づけられているかを考えると、そこに「代数」という世界が出現する。一方、この要素のあいだに「距離」を決めてやると、そこに「幾何」という世界が出現する。数学者はこの「距離」を使って「近く[*1]」を定義して、それによって集合のふちのほうがどうなっているかを考えたりする[*2]が、高度な幾何学の根底にあるのは、やはり距離という概念だろう。普通の空間であるなら、「距離なんて絶対値か、二乗和の平方根をとるものでしょう？」という考えで問題ないが、実は距離の決め方には様々な方法があるし、もともとの集合に「変換」が決められていると、変換に引きずられて特殊な計算をしなくてはいけなくなる。本稿では、高校生でも分かる程度の高さから、距離にどのような種類があるかを眺めてみたい。実際のところ、距離 (distance) には様々な類似概念と用語がある。すぐに思いつくだけでも、ノルム (norm)、計量 (metric)、位相 (topology)、ダイヴァージェンス (divergence) といった具合だ。この中でダイヴェージェンスは厳密な意味で距離ではない。

　距離を決めて何がうれしいのか、という問いかけはもっともだ。高級な幾何学に至る方向以外にも大事な意味がある。距離というのは「同一さ」の尺度である、というのがその最も深遠な答えだ。類似度と言い換えてもよい。距離はもともと集合の要素間に対して決められるものだが、集合というのは、集合自体を要素に持っても構わないものであるから、本質的な意味で距離とは、集合と集合のあいだにおける「同一さ」の尺度を与えることを意味する。これは例えば、計算機でパラメータを最適化するといった実用的な問題にも関係するし、統計的な相関も距離の一つと考えられる。物理学では多くの場合、現象を決める何かの量を最小化するようにコトが進むため、現象がどう進むのかは、量同士の距離を計算することで理解される。距離は大事なのだ。

　本稿ではできるだけ簡潔に、様々な種類の距離を俯瞰してみたい。中には脱線して距離とはいえないものもあるが、同一さの尺度としては重要なものだ。ただし位相とその先の概念には踏み込まない。

[*1] かっこよく書くと「近傍」という。
[*2] 「位相」と呼ばれる。

1 ベクトル空間

1.1 距離の定義

数直線上に 1 と 3 という点があれば、そのあいだの距離は $3 - 1 = 2$ になるだろう。距離は正の数であるべきだから絶対値をつけるのがよい。だから、数 a と b のあいだの距離は $|a - b|$ である。もし数直線ではなくて平面の場合はどうなるだろうか。原点 $(0, 0)$ から点 (a_1, a_2) までの距離は、普通 $\sqrt{a_1^2 + a_2^2}$ で計算できる。ピタゴラスの定理だ。原点でなくて点 (b_1, b_2) から点 (a_1, a_2) までの距離だったら $\sqrt{(a_1 - b_1)^2 + (a_2 - b_2)^2}$ だ。これはユークリッド距離と呼ばれる[3]。もし、xy グラフではなくて 3 次元の空間だったとすると、原点 $(0, 0, 0)$ から点 (a_1, a_2, a_3) までの距離は $\sqrt{a_1^2 + a_2^2 + a_3^2}$ で計算できる。点同士の距離は、$\sqrt{(a_1 - b_1)^2 + (a_2 - b_2)^2 + (a_3 - b_4)^2}$ だ。では、4, 5 … と次元があがっていったらどうなるのか。たぶん同じことだろう。N 次元の空間で、ある点 a がベクトル $(a_1, a_2, a_3, \cdots a_N)$ で表されているなら。原点との距離は $\sqrt{a_1^2 + a_2^2 + a_3^2 + \cdots + a_N^2}$ である。これは点 a の「ノルム」と呼ばれる。

これで済めば良いが、話はそれで終わらない。世の中には、平方根など使わないで絶対値だけで距離を決めようとする人もいる。マンハッタン距離と呼ばれるのだが、距離を $|a_1 - b_1| + |a_2 - b_2| + \cdots$ で決めようとするのだ[4]。これは距離じゃないと言ってもよいが、実は移動できる部分が碁盤の目になっていて、斜めに移動できないような世界では、これが正しい距離になる。

つまり、距離には様々な定義の仕方がある。それらをまとめて、どれが「距離」でどれがそうでないかを決める必要がある。そこで昔、ある数学者 (M. Fréchet) が次の三つの条件を満たせば距離と言おう、と提唱した。現在、距離といえばこの三条件を満たすものとされている。

---

[3] ナイーブなユークリッド距離は各軸が均等の重みを持っていることを前提にしている。軸による重みを調整するために、各軸で差をとったあとに標準偏差で割って規格化してから 2 乗することがあり、これは「標準ユークリッド距離」と呼ばれる。本書ではこれから様々な距離が出てくるが、基本的に軸の重みの議論はしていない。つまり標準偏差で割って規格化するという方法は本書の様々な距離に適用できる。

[4] 「キャンベラ距離」は重みをつけたマンハッタン距離であり

$$d = \sqrt{\sum_i \left| \frac{a_i - b_i}{a_i + b_i} \right|}$$

で定義される。

- 二点 a, b が同じ点なら距離は 0。逆に、距離が 0 なら、二点は同じ点。(同一律)
- 距離は二点のどちらから測っても同じ。(対称律)
- 三角不等式が成り立つ。

三角不等式というのは、点 a, b, c があったときに、a と b の距離と b と c の距離を足せば a と c の距離を足したものより大きい、ということだ。図で書くと当たり前である。

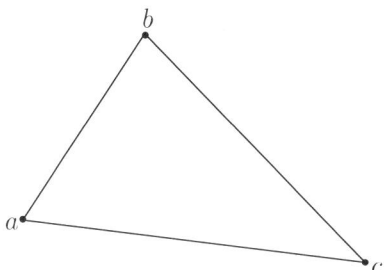

同じことを式で書いてみよう。距離を求める操作を関数として考えると、そういう関数 $d(a, b)$ は、次の3式を満たす[*5]。

- $d(a, b) = 0 \equiv a = b$
- $d(a, b) = d(b, a)$
- $d(a, c) \leq d(a, b) + d(b, c)$

「距離は 0 以上」という条件が足りないように思うかもしれないが、これは上の条件を使って次のように求めることができる[*6]。

───── $d(a, b) \geq 0$ の証明 ─────

「$d(a, c) \leq d(a, b) + d(b, c)$」において、$a = c$ とすると、$d(a, a) \leq d(a, b) + d(b, a)$。$d(a, a) = 0$、$d(b, a) = d(a, b)$ より、$0 \leq 2d(a, b)$。両辺を 2 で割ると $d(a, b) \geq 0$

これらの条件（距離公理）を満たせば何でも距離として許される。例えば、$|a_1 -$

[*5] 距離を拡張する一つの方法として、関数 d が2点ではなく3点や4点を引数とする関数だとしたらどうなるだろう、ということが考えられる。これは一般に、距離ではなくて面積とか体積などと呼ばれる。しかし、面積や体積も距離を基本にしているので、距離の定義が変われば大きく影響を受ける。幾何学は距離を土台としているのである。

[*6] $d(a, b) \geq 0$ を満たすことを「半正定値性」、$d(a, b) > 0$ を満たすことを「正定値性」と呼ぶ。

$b_1| + |a_2 - b_2| + \cdots$ も立派に距離だ。こうして決められる距離には様々な種類があるが、そのうちいくつかは、まとめて以下のような「L_p ノルム」（あるいはミンコフスキー距離ともいう）を使って書くことができる。ノルムというのは絶対値のようなものである。

$$|a| = \left(\sum_i |a_i|^p \right)^{1/p}$$

L_p ノルムからどうやって距離を作るのか？ 一般的な意味で、ノルムというのは、ある集合を代表する一つの実数値だ。実数値が一つ定まれば、引き算をすることで距離が求まる。つまり、距離を定義するということの本質は、ノルムを定義するということに他ならない。L_p を使った距離が意味を持つのは $1 \leq p$ で、例えば $p = 2$ であれば通常の距離、$p = 1$ ならマンハッタン距離を作ることができる。p を無限に大きくしていくとどうなるか。簡単なので実験してみるとよい。$a_1 = 1.4$, $a_2 = 2.1$, $a_3 = 5.7$ として、L_p ノルムを計算してみると以下のように 5.7 に近づいていることが分かる。

p	L_p
1	9.2
2	6.234
3	5.821
4	5.731
5	5.709
6	5.702
7	5.701

p を無限に大きくしていくと距離は a_i の最大値に近づくことが知られている。これはチェビシェフ距離と呼ばれる。逆に p をどんどん 0 に近づけていくと、距離は無限に大きくなっていくが、その途中 $p = 1/2$ の場合をヘリンガー距離という。ヘリンガー距離は一般には平方根をとった形で定義されていて、つまり次のようである[7]。

$$d = \sqrt{\sum_i \left(\sqrt{a_i} - \sqrt{b_i} \right)^2}$$

---

[7] ヘリンガー距離の a や b が確率変数で、足すと 1 になるときは、

$$d = \sqrt{2 \left(1 - \sum_i \sqrt{a_i b_i} \right)^2}$$

になる。この中の $\sum_i \sqrt{a_i b_i}$ を Bhattacharyya 係数といって、その負の対数を Bhattacharyya ダイバージェンスという。

4

余談だが、距離公理を満たす距離に、定数を掛けたり、指数の肩に乗せたりしても、それは距離公理を満たす。例えば、数直線上で a, b の距離 d を、$d = \alpha e^{|a-b|}$ としても距離公理は満たす。もっと一般には、特異点を持たず単調増加する関数の引数に距離を与えても、距離公理を満たす。例えば、$d = \cos(|a - b|)$ は a, b が 0 から $\pi/2$ の範囲にあれば距離公理を満たす。あるいは加算は 2 変数をとる単調増加関数なので、距離同士の足し算は距離になる。このようにして、素朴なノルムから実に様々な距離を自在に作ることができる[*8]。

1.2　実関数同士の距離

点同士の距離を決めると、関数同士の距離を決めることができる。その発想は、関数が点を並べた無限次元の空間であるとみなすことにある。つまり、$f(x)$ を、

$$f(x_0), f(x_1), f(x_2), f(x_3), f(x_4), f(x_5)\ldots$$

という無限個の点が連続に並んでいるものとみなす。$g(x)$ も

$$g(x_0), g(x_1), g(x_2), g(x_3), g(x_4), g(x_5)\ldots$$

という無限個の点が連続に並んでいるものとして、座標軸が $(x_0, x_1, x_2 \ldots)$ であるような無限次元空間の上で距離を計算するわけだ。これはもの凄い計算になりそうに見えるが、距離を単なる絶対値で決めると、とても簡単になって、要するに、

$$d = \int_{\infty}^{\infty} |f(x) - g(x)| dx$$

で求まってしまう。簡単なのでよく使われるのだが、問題は、距離を単なる絶対値で決めるという制限が強いため、他の様々な距離の定義法が使いにくい。

そこで、もっと根本的に解決する方法がある。それは関数を多項式にして、その係数列をベクトルと見なすものだ。つまり、$f(x) = a_0 + a_1 x + a_2 x^2 + a_3 x^3 + \cdots$ という関数を、軸が $(1, x, x^2, x^3, \cdots)$ の空間にある点 $(a_0, a_1, a_2, a_3 \cdots)$ だとみなす。そうすれば、関数同士の距離が測れる。通常の多項式関数なら無限次元などというものが出てこないし、様々な方法の距離定義が使える。といってもいくつかの問題は残る。例えば、高校生が習うほとんどの関数は多項式の関数なのだが、sin 関数とか cos 関数や log 関数はうまくいかないという点だ。これらは級数展開で一応は多項式に直せるのだが、項が無限個出てきてしまう。だからそうした関数では、無限次元のベクトル空間上の距離を考えないといけない。より本質的な問題は、係

[*8] 機械学習でよく使われる「正則化」は距離に正則化項を足した形をしているが、正則化項が距離公理を満たすなら足しても距離となり、最適化が可能になる。

5

数列だけをもとに空間を構成するため、もとの関数が持っていた軸の順序性を無視してしまうという点だ。つまり、$(1, x, x^2, x^3, \cdots)$ という基底は本来対等ではなく、$1 < x < x^2 < x^3 \ldots$ というヒエラルキーをもっているのだ。それを無視するということは、例えば、$3x^2 + 5$ と $5x^{100} + 3x$ が同じノルムを持つ、すなわち原点から同じ距離にあることになってしまう。これでは代数方程式としての関数は意味をなさなくなってしまうのだ[*9]。

とはいえ、この「係数列をベクトルと見なす」という発想は応用範囲が広く、例えば同じ長さの数列同士の距離を測ったりすることもできる。数列 $a_1, a_2, a_3 \cdots$ を一つのベクトル $(a_1, a_2, a_3 \cdots)$ とみて、別の数列 $b_1, b_2, b_3 \cdots$ との距離を測るわけだ。数ではなくて文字の差を何らかの方法で二進数値化してやれば文字列同士の距離も決められる。二進数値列において異なる bit の数を距離として解釈したものはハミング距離といわれる[*10]。ハミング距離をさらに規格化したものとしてバイナリ距離がある。「片方の変数のみが 1 である個数」を「どちらか一方あるいは両方が 1 である変数の個数」で割ったもの（つまり XOR/OR）である。例えば「1100」と「1011」であるなら、片方のみが 1 の変数は 2 番目と 3 番目と 4 番目であるから三つ。どちらか一方あるいは両方が 1 である変数は全てなので四つ。となればバイナリ距離は 3/4 となる（ちなみにハミング距離では 3 である）。両方が 0 の次元がいくつ増えても距離の値には関係ない。

1.3 行列の距離

ベクトルを行列に拡張して、行列同士の距離を定めることは、若干面倒である。というのも行列同士の距離の決め方にはいくつかの方法があるからだ。一番簡潔で分かりやすい定義は、行列 A の各要素について L_p ノルムをとるものだ。つまり、

$$|A| = \left(\sum_{i=1}^{m} \sum_{j=1}^{n} |a_{ij}|^p \right)^{1/p}$$

である。これはそのものずばり「成分ごとのノルム」と呼ばれ、特に $p = 2$ のときはフロベニウスノルム（またはヒルベルト＝シュミットノルム）と呼ばれる。しかしそれだけではない。行列をベクトルに作用させればベクトルになることから、任意のベ

[*9] 見方によってはこれを肯定的にとらえることもできる。ある関数集合すべてについて何かの性質を示したいときに、関数を順に並べて何かの性質を示していくのではなく、関数を自明な順序を無視した分類法で再構成してから性質を調べていけば、関数集合としては余すところなく調べることができることもあるだろう。

[*10] 別のとらえ方としては、実数値ベクトルのマンハッタン距離ということもできる。δ 関数を使うと、$d = \sum \delta(x_1, x_2)$ と書ける。

クトル x に作用させたときに、一番大きくなるもので行列のノルムを定義しようという考え方がある。具体的には、

$$|A| = \max_{x \neq 0} \frac{|Ax|_p}{|x|_p}$$

という計算だ。分子が、行列 A をベクトル x に作用させた結果のベクトルで、それを x のノルムで割って規格化しているわけである。これは作用素ノルムといわれていて、特に行列 A が正方行列で $p = 2$ なら、A^*A の最大の固有値で与えられることが知られている[*11]。これはスペクトルノルムと呼ばれる。

行列のあいだの距離を適切に定めると、漸化式や微分方程式同士の距離が決められる。なぜなら微分方程式も漸化式も「次数」と「階数」という二次元の係数列で特徴づけられるからだ。行列とは二次元の数値列なのだから、行列と対応づけて距離が決められるのである。

1.4 内積

高校数学を真面目にやっている（いた）人ならば、内積と距離の関係に気づくかもしれない。二つのベクトル a と b があったとき、内積は $|a||b|\cos\theta$ で与えられるが、もしも a と b が同じベクトルなら、$\cos\theta = 1$ となって、内積は $|a|^2$ になる。これはいかにも a のノルム（の二乗）である。しかし実際には、内積が与えるのは二つのベクトルの距離（遠さ）ではなくて「近さ」である。なぜなら2つのベクトルが同じときに最大になり、直交したときにゼロになるからだ。だったら逆数でもとればいいではないか、と思うが、逆数というのは代数的にはあまりよろしくない演算で、ゼロの部分に特異点が出てきてしまう。そこでもう少し穏便な意味の「内積の逆」を使って「距離」として使えないかと考える。

実は内積には一つまずい性質がある。それは角度 θ 次第では値がマイナスになってしまう点だ。だから最低限何とかしてマイナスにしないようにしないといけない。手っ取り早くやるには $\cos\theta$ に絶対値をつけてしまえばいいのだが、内積には、成分同士のかけ算 $(a_1 b_1 + a_2 b_2)$ という表現があって、そこには $\cos\theta$ なんて出てこない。だから $\cos\theta$ に絶対値をつけるのではなくて、もっと本質的な部分にメスを入れるべきである。

数学者や計算機学者が色々と考えた結果、遠さを表す距離関数に対して、類似度を表す「カーネル関数」というものが編み出された[*12]。それは何か2つのベクトルを

[*11] A^* は随伴行列といい、A を転置して成分を全て複素共役にすることで得られる。一般に $|A^*A| = |A|^2$ である。

[*12] カーネルとは積分核の「核」の意味である。

引数にして実数を出力する関数 $K(a,b)$ で、次の性質（正定値性）を持つ関数のことである。
$$\sum_i \sum_j \alpha_1 \alpha_2 K(a_j, b_j) > 0$$

具体的に距離 $d(a,b)$ をカーネル関数に変換する方法としてよく使われるのは、次の二つである。
- $K(a,b) = \frac{1}{2}\left(d(a,a) + d(b,b) - d(a,b)^2\right)$
- $K(a,b) = \exp(-\lambda d(a,b))$

カーネル関数は機械学習などの分野で最適化のためによく使われている。

2 歪んだ空間

　ベクトル空間の距離をもとにすると、実に様々な距離を決められる。数値列にできる概念にはすべて距離が定義できるといってもよい。しかし、ベクトル空間をもとにした距離には、一つの本質的な制約がつく。それは、距離を定義すべき空間が歪んではいないということだ。では歪んでいるとはなにか？　感覚的にいえば、空間の各点に通りやすさが決められていることである。例えば東京ビッグサイトから秋葉原までの距離は、地図で直線を引いて決めることはできるが、実際に鉄道を使って移動するなら、鉄道の線路に沿った距離で測られるべきだ。これはネットワーク的な距離の一種で、鉄道線路だけが非常に通りやすくて、他のルートは無限に通りにくい場合の距離と考えられる。こうして、経路に通りやすさと通りにくさがあると、一般にはある二点の最短が直線で結ばれるわけではなくなる。空間のゆがめ方には様々なタイプがあるが、ここでは4つの例を紹介しよう。

2.1 ネットワークの上の距離

　上のように空間上の全点を通れるのではなく、直線的に通れる部分が決まっているような場合は、ネットワーク上の距離を考えるのが妥当である。ネットワークの枝の部分だけが通ることができ、それ以外は通行不能であるような場合の距離である。枝にはそれぞれ固有の距離が決められていて、通常は通過する枝の距離を合計したものが全体の距離になる。本稿の初めのほうにに出てきたマンハッタン距離は、正方的なネットワーク上の距離である。

　ネットワーク上の距離にも最短というものがあるし、それはどちらから測っても同じ距離になるが、最短経路は必ずしも一つではない。それに従って、三角不等式も必ずしも成り立たない場合がある点に注意すべきだ。

2.2 測地線

もしも通りやすさが空間の各点に決められている場合、経路はどうなるか。これはアインシュタインが重力理論を作るときに考えた問題だ。空間が歪んでいる場合、ある点から別の点への最短経路は測地線と呼ばれる曲線になる。典型的な例は地球表面上の距離である。東京からニューヨークへの最短経路は太平洋の真ん中を通るラインではなく、遥か北回りの、アラスカやカナダを通る線になる。飛行機は消費燃料を最小にするためにそのように飛んでいくはずだ。これは地球が平面ではなくて球面という歪んだ面だからこそ起こる現象である。地球ような球では曲率はどこでもそう変わらないから、測地線は一定のカーブになる。しかしあちこちで曲率の変わるような曲面ならば、測地線のカーブも複雑に変化する。

一般にこうして空間の各点毎に通りやすさが違うような状況では、空間の各点で局所的に通常の直線距離が考えられるとし、それを少しずつ貼り合わせて全貌を記述しようとする。こういう空間は多様体と呼ばれる。空間の各点で定められる微視的な距離を「計量」と呼び、重力理論では4次元のテンソル（という特殊な行列のようなものに）になっている。

微視的な距離を考えることは、ある意味で数学の様々なジャンルの交差点になっている。代数は集合の各要素同士の変換を考えるものだが、集合を無限小移動させるような変換を考えれば、それらを無限回行うことで有限の大きさの移動、すなわち距離を作ることができるだろう。これは代数と幾何の接点でもある。そして無限小の変換を有限の大きさの距離にもっていく作業は、まぎれもなく積分なのであって、それは解析学のテリトリーだ。

2.3 p 進距離

もう一つ面白いのは空間の各有理点でバラバラの絶対値をもつ場合だ。これは空間が歪んでいるというより空間が細切れに分解されて再構成されているようなものだ。有名なものは、一次元の有理数（ここでは一応0以外とする）に対して考えられる p 進距離である[*13]。それは次のように定義される。

ある有理数 $a > 0$ は素数のべきの積で一意に書くことができる。つまり、素数

[*13] 有理数の完備化として p 進数を使うものがある。詳しくは暗黒通信団刊『暗黒セミナー通信 $\mathbb{Q}_p$ の爆誕–有理数の完備化は実数だけではなかった！』(ProjectiveX, 計量テンソル 著) を御覧いただきたい。

$p_1, p_2 \ldots$ と負の数を許した $\alpha_1, \alpha_2 \ldots$ を使って、

$$a = p_1^{\alpha_1} p_2^{\alpha_2} p_3^{\alpha_3} \ldots$$

とかける[*14]。もしも $a < 0$ なら右辺にマイナスをつければよい。大事な点はべき α_i は負の数もとれるということだ。ここで、$p_i^{-\alpha_i}$ を p_i 進絶対値と呼ぶ[*15]。ある有理数 a と b の p_i 進距離とは、$a - b$ の p_i 進絶対値のことである。

これだけでは何だか分からないから具体例を示そう。2.35 と 1.23 の 5 進距離を求めてみる。

$$2.35 - 1.23 = 1.12 = \frac{28}{25} = \frac{2^2 \cdot 7}{5^2} = 2^2 \cdot 5^{-2} \cdot 7^1$$

となり、5 進距離は $5^{-(-2)} = 25$ である。ちなみに 7 進距離は 7^{-1} で、2 進距離は $2^{-2} = 1/4$ だ。素因数分解の項に出てこない 3 進距離や 13 進距離や 17 進距離等はすべて 1 になる。数直線上でほんの少しだけしか離れていない有理数同士でも、一般に素因数分解をすれば全く違ったパターンが現れる。それに従って全く違う絶対値が与えられ、全く違う距離が決まる。

2.4 順序の距離

数値列であれば何でも距離が定義できる。ならば、順番のパターンそのものの距離も定義できるのではないか。順序は統計学などで大事な概念で、ある数値列を大きい順や小さい順に並べた、そのインデックスの列のことだ。例えば (2.7, 5.7, 3.1) という順に並ぶ数値列からは、大きな順に (3, 1, 2) という順序が作られる。(1, 100, 10) という数値列からも (3, 1, 2) という同じ順序が作られる。だから順序の距離においては、(2.7, 5.7, 3.1) と (1, 100, 10) という二つの数列は同じなのだ。こうした順序距離は純朴にいえばただのベクトルと見なして二乗和を計算してもよいが、統計学など他の学問との兼ね合いを考えると、順を入れ替えるなどの操作に応じた距離の決め方が適切である。順序の距離については次の 5 つがよく知られている。

まず、Ulam 距離。これは、2 つの順序列[*16]が与えられたとき、一方の順序列から、ある一つを抜いて別の場所に入れる操作を 1 として測る距離である。そうした操作で一方の順序列から他方の順序列に変換できれば、その最小の操作回数が距離に

[*14] どうしてそう書けるかというと、有理数なら互いに素な自然数 A と B を使って A/B と書けるわけだが、すべての自然数は素因数分解で一通りの素数の積に分解できるから A も B も一意的な素数の積になる。

[*15] 指数にマイナスがついている点がポイントだ。ここがマイナスであるために通常の距離とは逆に、近い方が大きな値になる。

[*16] 順序列というのは上の例でいえば 3, 1, 2 という列のことだ。

なる。例えば、順序列 (1, 4, 2, 3) を (1, 2, 3, 4) にするには、4 を抜いて 3 のあとに入れればいいだけなので、順序列 (1, 4, 2, 3) と (1, 2, 3, 4) の距離は 1 である。似たものに Cayley 距離というのもある。こちらは「抜いて入れる」のではなく、「交換」が距離 1 の操作になる。順序列 (1, 4, 2, 3) と (1, 2, 3, 4) なら、まず 4 と 3 を交換し (この時点で 1, 3, 2, 4)、次に 3 と 2 を交換すれば (1, 2, 3, 4) になるので距離 2 である。この「交換」を隣同士に限ったのが Kendall の距離だ。Kendall の距離は別のいい方をすると、二つの順序列の要素を組み合わせてペアを作ったとき、ペアの数値が一致しないものの数のことでもある。

残り二つは、順位列の i 番目がもっている順位 r_i の差を合計したもので順位列間の距離を決めるものである。まずは、Footrule 距離。これは順位列 x での i 番目がもっている順位 r_{xi} と順位列 y での i 番目がもっている順位 r_{yi} のマンハッタン距離を使うものだ。式で書くと、

$$d = \sum_i |r_{xi} - r_{yi}|$$

である。もう一つは、マンハッタン距離の部分をユークリッド距離にしたもので、Spearman 距離という。式では、

$$d = \sum_i (r_{xi} - r_{yi})^2$$

となる。以上 5 つのなかで、最後の Spearman 距離は三角不等式を満たさないことが知られていて、つまり厳密な意味で距離ではない。ただ、統計の教科書では順位相関係数という形でよく出てくる。統計学に出てくるいくつかの「順位相関係数」は、こうして求めた各距離を -1 から 1 のあいだで規格化したものである。

これらの距離概念間にはいくつか不等式による関係が知られている。Kendall の距離、Footrule 距離、Cayley 距離の間には Diaconis-Graham の不等式という関係があり、Spearman 距離と Kendall の距離の間には Durbin-Stuart の不等式という関係がある。

2.5 点過程の距離

点過程とは、時間間隔だけが意味を持つイベント列のことだ。例えば神経細胞が発火するときの間隔とか、暗黒通信団同人誌の発行間隔とかである。神経細胞においてはいつ発火したというタイミングが大事であって、発火するときの電圧はいつも同じなので考えても意味がない。暗黒通信団同人誌も何部印刷したかが大事なのではなく[17]、夏コミで出したとか冬コミで出したかとか、発行タイミングが大事なので

---

[17] どうせ何を出しても売れないからだ。

ある。

問題は、こうしたイベント列同士に距離を決めようというときだ。もちろん、時間間隔の列をベクトルとみなしてベクトルの距離に持ち込んでもよいが、二つの列に含まれているイベントの数が違っていたりすると簡単ではない。単純にベクトルにするとベクトル同士の次元が違ってしまい、そのままでは距離など決められないのだ。こうした場合には、二つのイベント列を一致させるために必要な操作（点の移動、追加、削除）にかかる最小のコストを距離とすることが多い。名前も付いていて Victor-Purpura 距離[18]と呼ばれる。さらにこれをもっと具体的にし、点の追加と削除に 1 を割り当て、点の移動は移動距離とする距離（Suzuki-Hirata-Aihara 距離）も提案されている。点過程距離の一つの応用例は、前述のハミング距離だが、編集距離（レーベンシュタイン距離）と呼ばれる文字列同士の距離もよく知られている。編集距離とは、文字の挿入や削除、置換によって一つの文字列を別の文字列に変化させるのに必要な手順の最小回数で決められる。

2.6 確率空間

歪んだ空間の中で、実用上とても大事なものが、確率分布間の距離だ。確率分布というのは例えば、正規分布とかコーシー分布といった、「常に非負で総和が 1 になる」ような分布である。分布といっても関数なのだから関数同士の距離を測ればいいではないか、という人もいるだろう。そのような発想で作られた距離もある。それは「カントロビッチメトリック」と呼ばれ[19]、確率分布を累積分布に直して、関数同士の差を求めるものである。

ただし、一般的には確率分布の場合、通常はダイバージェンスという概念が使われる。というのも、確率分布が情報量と密接に関わっているからだ。単純な関数の引き算と積分で距離を決めてしまうと、情報理論が崩壊してしまうのである。ダイバージェンスは正確にいえば距離の公理を満たさないので距離とは言えない。どの項目を満たさないかというと、「距離はどちらから測っても同じ」という項目である。a と b の距離が、a から b に向けて測った場合と b から a に向けて測った場合で異なるのだ。にもかかわらず半正定値性（つまり距離がゼロ以上になるということ）は満たす。こうした概念は距離ではなくて、ダイバージェンス (divergence) と呼ばれる[20]。余談だが、ダイバージェンスのように「部分的に」距離の公理を破壊した「距

---

[18] これは Skorohod 距離という概念の実用化版で、動的計画法で計算できる。

[19] カントロビッチはノーベル経済学賞をとったソ連の学者だ。もう死んだ。

[20] 電磁気学に出てくるベクトル微分演算子は、原義こそ同じだが別物である。電磁気のほうは「発散」と訳される。この英単語は、類似していたものが徐々に分かれて別のものになっていくさまを表し、転じて擬距離を表すようになった。

離モドキ」は様々にあって、条件の落とし方によって Quasimetric や Hemimetric や Prametric や Semimetric 等と呼ばれる[*21]。

情報に関する様々な性質を満たすように、確率分布の距離を決めてやったのがダイバージェンスであり、それを元に構築された幾何学が「情報幾何」である。最も素朴なダイバージェンスは、確率分布 a を基準とした b との距離を単純に、$d = \log b - \log a$ とするものだが、これは実はあまり良い性質を持たない[*22]。そこでダイバージェンスには様々な定義があって、最も有名で有用なものはカルバック−ライブラダイバージェンスと呼ばれるものだ。他にもたくさんある。これらのダイバージェンスは、まとめて一つの式で表せるよう整理されている。

一つの枠組みはブレグマン (Bregman) ダイバージェンスという枠組みだ。a, b を確率分布とすると、何らかの下に凸な関数 F があって、

$$d = F(b) - F(a) - F'(a)(b - a)$$

で決められる。下に凸な関数といえば 2 次関数が有名だが、別に二階微分が常にプラスなら何でもよい。F として何をとるかで、様々なダイバージェンスを作れる。以下にそれをまとめてみる。

- ユークリッド距離
  $F : x^2$
  $d = b^2 - a^2 - 2a(b - a) = (a - b)^2$
- カルバック − ライブラ ダイバージェンス
  $F : x \log x$ あるいは $x \log x - x$
  $d = b \log b - a \log a - (1 + \log a)(b - a) = (a - b) - b(\log b/a)$
- 板倉 − 齋藤距離[*23]
  $F : -\log x$
  $d = -\log b + \log a + (b - a)/a = b/a - \log(b/a) - 1$
- $I-$ ダイバージェンス
  $F : x \log x$
  $d = b \log b - a \log a - (\log a + 1)(b - a) = b \log(b/a) - (b - a)$
- ロジスティック損失
  $F : x \log x + (1 - x) \log(1 - x)$
  $d = b \log b + \log (1 - b) - b \log (1 - b) - \log (1 - a) - b \log a + b \log (1 - a)$

[*21] Wikipedia の「距離函数」の欄には様々な例が載っている。
[*22] この距離に b の期待値を掛けたものは情報量といわれる。
[*23] 非凸関数であるので最適化に難があるといわれる。

- マハラノビスの距離[*24]

$$F : (1/2)\mathbf{x}^\top S^{-1} \mathbf{x}$$
$$d = \sqrt{(\mathbf{a}-\bar{\mathbf{x}})^\top S^{-1}(\mathbf{b}-\bar{\mathbf{x}})}$$

別の整理の仕方では、α ダイバージェンスという枠組みもよく使われる。α を実数として、

$$d = \frac{4}{1-\alpha^2}\left(1 - \sum a^{\frac{1+\alpha}{2}} b^{\frac{1-\alpha}{2}}\right)$$

という式でまとめられる。α が 1 か -1 ならカルバック－ライブラ ダイバージェンスで、0 ならヘリンガー距離になる。

α があるなら β もあるわけで、β ダイバージェンスという枠組みは整数 β を使って、

$$d = \frac{y^\beta}{\beta(\beta-1)} + \frac{x^\beta}{\beta} + \frac{yx^{\beta-1}}{\beta-1}$$

でまとめられる。これも様々なダイバージェンスをまとめたものである。他にも f ダイバージェンス、U ダイバージェンスと、実に様々な種類があり、それぞれに幾何的な意味がある。

ダイバージェンスは非対称だから使い勝手が悪いと思う人もいるかもしれない。そこで、やや強引に「距離はどちらから測っても同じ」という項目を無理矢理にでも成立させる研究もされてきた。例えば、

$$d' = \frac{d_1 d_2}{d_1 + d_2}$$

という計算をすればどちらから測っても同じにできる。なら最初からそう定義しないのかと言われるが、確率分布の場合どうしても使い勝手が悪くなる。他にも例えば Jensen-Shannon ダイバージェンスというのも有名だ。これはカルバックライブラのダイバージェンス $d_{p\to q}$ を対称にしたもので、

$$d = \lambda d_1(q \to (\lambda q + (1-\lambda)p)) + (1-\lambda)d_2(p \to (\lambda q + (1-\lambda)p))$$

と書かれる。$\lambda = 1/2$ で対称になる。

ダイバージェンスは統計学や情報科学との関連で色々と調べられていて、例えば確率分布 a と b に対して $t = a/b$ とすると、ダイバージェンスのいくつかをまとめることができる。

[*24] 統計でよく使われる。共分散を考慮した平均との規格化距離で、サンプル平均を $\bar{\mathbf{x}}$、共分散行列を S として、ベクトル $\mathbf{a}$ と $\mathbf{b}$ の距離を定める。

ダイバージェンス	定義
Bhattacharyya	$\sqrt{t}$
ヘリンガー	$(\sqrt{t}-1)^2$
トータル分散	$|t-1|$
ピアソン	$(t-1)^2$
カルバック − ライブラ	$t \log t$
対称化カルバック − ライブラ	$t \log t - \log t$
Jensen-Shanon	$\frac{1}{2}(t\log(2t/t+1) + \log(2/t+1))$

2.7 より複雑な構造の距離 −画像同士の距離−

　もっと複雑な対象に距離を定義する方法もある。一般的には、その複雑な対象をうまく特徴づける単純な量を決めて、それを距離の基準とするものである。画像同士の比較などではこうした発想の距離がたくさん定義されている。例えば異なる線画図形同士の距離を比較する方法として、図の形は一切無視して、二つの図形の中で「最も相手に近い点の中で最も遠い点同士の距離」を、図形全体の距離とすることがある。これは「ハウスドルフ距離」と呼ばれる。ただしこれは図形同士の一点を比べるだけの距離であるため、同じ距離でも形に自由度がでてしまい、ハウスドルフ距離をもとに図形の「形」が似ているかどうかを判定するのは難しい。図形の形も考慮する方法としては「二つの図形を構成する点同士の最小距離を全点について足したもの」を図形全体の距離とする方法が使われる。これは「Chamfer 距離」と呼ばれる。Chamfer 距離は二つの画像の中心を合わせることで、形状同一さの尺度として使うことができる。

　より高度な画像工学では輝度勾配のヒストラム[25]や、ある点の周囲で最も輝度変化が大きな方向を特徴量として抽出し[26]、画像同士を比較したりすることが行われる。

◆終わりに

　以上、簡単ながらいくつかの距離を列挙してみた。距離は深い世界への入り口である。本項自体も書きかけであり、徐々に改訂していきたいと考えている。特に次元と距離の関係について書いていないのは悔やまれる[27]。今後の版で何とかしていきた

---

[25] Hog と呼ばれる。画像中の人物像を自動検出する方法の基礎になっている。

[26] SIFT (Scale Invariant Feature Transform) と呼ばれる。この特徴量を基準にして画像全体の方向を揃えることで、画像を回転したり拡大縮小したり、平均輝度が変化しても画像同士の近さを決められるようになる。

[27] これは筆者が理解してないからだが、平均次元や位相エントロピーの話はここで紹介されるべきだ。

い。なお、本稿執筆にあたり、朱鷺の杜 wiki、数学事典（岩波書店）、情報幾何の新展開 (甘利俊一; 数理科学)、他多数のスライド等を参考にさせて頂いた。ありがとうございます。

"距離" のノート

2011 年 8 月 14 日 第零版
2012 年 2 月 1 日 第一版
2013 年 10 月 1 日 第一版若干修正
2019 年 12 月 30 日 第一版さらに若干修正

著 者　　シンキロウ　(しんきろう)
発行者　　星野 香奈　(ほしのかな)
発行所　　同人集合 暗黒通信団 (http://ankokudan.org/d/)
　　　　　〒277-8691 千葉県柏局私書箱 54 号 D 係
頒 価　　200 円 / ISBN978-4-87310-158-3 C0041

乱丁・落丁は在庫があればお取り替えします。筆者は数学の素人なので間違いがあったらどんどん御指摘ください。

ⓒCopyright 2011-2019 暗黒通信団　　Printed in Japan